Kalagadda Bikshalu

Quadro de avisos LCD inteligente

Kalagadda Bikshalu

Quadro de avisos LCD inteligente

ScienciaScripts

Cover image: www.ingimage.com

This book is a translation from the original published under ISBN 978-3-659-75545-3.

Publisher:
Sciencia Scripts
is a trademark of
Dodo Books Indian Ocean Ltd. and OmniScriptum S.R.L publishing group

120 High Road, East Finchley, London, N2 9ED, United Kingdom
Str. Armeneasca 28/1, office 1, Chisinau MD-2012, Republic of Moldova, Europe
Printed at: see last page
ISBN: 978-620-8-15142-3

Índice:

QUADRO DE AVISOS LCD INTELIGENTE

RESUMO

O projeto de fim de curso tem como objetivo expor os estudantes que frequentam estudos técnicos superiores ao pensamento e à lógica que devem ser desenvolvidos para garantir que cada um é capaz de integrar as suas ideias em algo concreto.

Geralmente, este processo inicia-se com a conceção de uma ideia ou de um conceito, que visa não só o desenvolvimento de um produto (hardware ou software), mas também o estudo aprofundado dos produtos existentes anteriormente na mesma categoria e das suas deficiências. Consequentemente, é adoptada uma abordagem para propor uma solução que seja melhor do que as anteriores num ou noutro aspeto.

Com a mesma abordagem em mente, nós, os alunos do último ano do Bacharelato em Tecnologia (Eletrónica e Telecomunicações), escolhemos o **SMART LCD NOTICE BOARD** como o nosso projeto de último ano.

A tecnologia da comunicação não só nos ajuda a trocar informações com os seres humanos, como também nos permite efetuar a monitorização e o controlo de máquinas a partir de locais remotos. Este controlo remoto de aparelhos é possível com interfaces de comunicação com ou sem fios incorporadas nas máquinas. A utilização de "sistemas incorporados de comunicação" deu origem a muitas aplicações interessantes. Uma dessas aplicações é o sistema de endereçamento público (PAS). Muitas empresas estão a fabricar sistemas áudio/vídeo como o sistema de anúncios públicos, CCTV, placas de sinalização programáveis, etc. Mas todos estes sistemas são geralmente ligados por cabo, complexos por natureza e difíceis de expandir. Assim, adicionando uma interface de comunicação sem fios, como o GSM, a estes sistemas, podemos ultrapassar as suas limitações.

Estes tipos de quadros de avisos são um complemento muito útil para o problema da comunicação atual. A vantagem deste tipo de ecrã é a possibilidade de transmitir a mensagem a um grande grupo de pessoas. Podem ser utilizados em locais interiores e exteriores, tais como sistemas de transportes públicos, sinais de trânsito, painéis de sinalização rodoviária, bancos, etc.

Descrição geral do projeto

O quadro de avisos LCD inteligente, também designado por Campus Display System (CDS), destina-se aos colégios e universidades para apresentar informações do dia a dia de forma contínua ou a intervalos regulares durante o horário de trabalho. Sendo um sistema baseado em GSM, oferece flexibilidade para apresentar notícias ou anúncios instantâneos mais rapidamente do que o sistema programável. O sistema de visualização do campus baseado em GSM também pode ser utilizado noutros locais públicos, como escolas, hospitais, estações ferroviárias, jardins, etc., sem afetar o ambiente circundante. Sem afetar o ambiente circundante.

Capítulo 1
1. INTRODUÇÃO

1.1. Descrição geral do projeto

O quadro de avisos LCD inteligente, também designado por Campus Display System (CDS), destina-se aos colégios e universidades para apresentar informações do dia a dia de forma contínua ou a intervalos regulares durante o horário de trabalho. Sendo um sistema baseado em GSM, oferece flexibilidade para apresentar notícias ou anúncios instantâneos mais rapidamente do que o sistema programável. O sistema de visualização do campus baseado em GSM também pode ser utilizado noutros locais públicos, como escolas, hospitais, estações ferroviárias, jardins, etc., sem afetar o ambiente circundante. Sem afetar o ambiente circundante.

O CDS consiste essencialmente num recetor GSM e num kit de ferramentas de visualização que pode ser programado a partir de um telemóvel autorizado. Recebe o SMS, valida o número de identificação móvel (MIN) do remetente e apresenta a informação desejada após a necessária conversão do código. Pode servir como um quadro de avisos eletrónico e apresentar os avisos importantes instantaneamente, evitando assim a latência. Sendo sem fios, o CDS baseado em GSM é fácil de expandir e permite ao utilizador acrescentar mais unidades de visualização em qualquer altura e em qualquer local do campus, consoante as necessidades do instituto.

1.2. Transferência de informações

1.2.1 Difusão

Uma sequência coordenada de acções do utilizador e do sistema de telecomunicações que faz com que a informação presente num utilizador de origem passe a estar presente num utilizador de destino. Uma transação de transferência de informação consiste normalmente em três fases consecutivas, designadas por **fase de acesso**, **fase de transferência de** informação e **fase de desvinculação.**

Um termo para descrever a comunicação em que uma informação é enviada ou transmitida de um ponto para todos os outros pontos. Existe apenas um remetente, mas a informação é enviada simultaneamente para todos os receptores ligados. Em redes, é feita uma distinção entre **difusão** e **multicast**. A difusão envia uma mensagem a todas as pessoas da rede, enquanto a difusão múltipla envia uma mensagem a uma lista selecionada de destinatários.

Um dos exemplos mais comuns é a transmissão através de um serviço de rede celular. Este serviço serve vários utilizadores finais em diferentes locais de uma forma simulcast.

LCD

Praticamente todos os sistemas celulares têm algum tipo de mecanismo de difusão. Este mecanismo pode ser utilizado diretamente para distribuir informações a vários telemóveis, mas normalmente, por exemplo, num sistema de telefonia móvel, a utilização mais importante da informação difundida é a criação de canais para a comunicação um a um entre o recetor móvel e a estação de base. Este processo é designado por **paging**. Os pormenores do processo de paging variam um pouco de rede para rede, mas normalmente conhecemos um número limitado de células onde o telefone está localizado (este grupo de células é designado por área de localização no sistema GSM). O paging é efectuado através do envio da mensagem de difusão em todas essas células

Este projeto visa integrar a expansão de uma rede celular sem fios e a facilidade de transferência de informações através do SMS com a cobertura dos painéis do campus. Pode também ser um esforço modesto para realizar todo o potencial dos painéis públicos na difusão instantânea de informações em resposta rápida a eventos de interesse

1.3. Visão geral dos componentes

Este sistema utiliza os seguintes componentes.

Microcontrolador

O CDS é baseado no microcontrolador AT89S52, que é uma variante do 8052. É um microcontrolador de 8 bits com 8 KB de memória Flash no chip, 256 bytes de RAM, três temporizadores/contadores, uma porta série e quatro portas paralelas de 8 bits. Também pode endereçar até 64KB de memória externa de dados RAM e memória de programa.

O CDS baseado em GSM utiliza **o** LCD **HD44780** para apresentar os dados de texto. Trata-se de um **módulo de visualização de 20 caracteres x 2 linhas**. Mas, na prática, deve ser substituído por grandes ecrãs comerciais de várias linhas e cores.

Modem GSM

Um modem GSM é um modem sem fios que funciona com uma rede sem fios GSM. Um modem sem fios comporta-se como um modem com ligação telefónica. A principal diferença entre eles é que um modem dial-up envia e recebe dados através de uma linha telefónica fixa, enquanto um modem sem fios envia e recebe dados através de ondas de rádio. Tal como um telemóvel GSM, um modem GSM necessita de um cartão SIM para funcionar.

Neste projeto, temos de ter em conta o facto de o modem necessitar de uma ligação com fios numa extremidade e sem fios na outra. **O Matrix Simado GDT11** é um **Terminal Celular Fixo (FCT)** para aplicações de dados. Trata-se de um terminal compacto e portátil que pode satisfazer várias necessidades de comunicação de dados através de GSM. Pode ser ligado a um computador com a ajuda de uma **porta de série RS232C** padrão. O Simado GDT11 oferece funcionalidades como serviços de mensagens curtas (SMS), serviços de dados (envio e receção de ficheiros de dados), serviços de fax e navegação na Web. O Simado GDT11 é fácil de configurar.

Os computadores utilizam comandos AT para controlar os modems. Tanto os modems GSM como os modems com ligação telefónica suportam um conjunto comum de comandos AT normalizados. O modem GSM pode ser utilizado tal como um modem com ligação telefónica. Para além dos comandos AT normais, os modems GSM suportam um conjunto alargado de comandos AT. Estes comandos AT alargados estão definidos no GSM.

Interface de computador

Por último, este projeto utiliza a interface de série RS232 para ligar o modem GSM a um PC. Esta interface é utilizada para configurar o modem GSM. É utilizada uma aplicação hiper terminal para emitir comandos AT para o modem GSM.

MAX-232

O MAX232 é um driver/recetor duplo que inclui um gerador de tensão capacitivo para fornecer níveis de tensão EIA-232 a partir de uma única fonte de 5-V. Cada recetor converte as entradas EIA 232 em níveis TTL/CMOS de 5 V. Estes receptores têm um limiar típico de 1,3 V e uma histerese típica de 0,5 V, e podem aceitar entradas de ±30 V.

1.4. Funcionamento do sistema

O funcionamento do sistema é muito simples. Envio de mensagem de qualquer zona remota para o quadro de avisos electrónicos localizado à distância, utilizando o telemóvel GSM. Para enviar a mensagem de texto a partir da zona remota, é necessário ligar o telemóvel ao modem GSM. Para desenvolver algumas das aplicações baseadas no GSM, é necessário dispor de alguns periféricos comuns, incluindo o MODEM GSM, o SIM, o microcontrolador, o LCD (ecrã de cristais líquidos), a fonte de alimentação e também alguns fios de ligação. Além disso, as aplicações baseadas no GSM podem ser facilmente desenvolvidas e melhoradas devido à fácil acessibilidade dos componentes nos mercados locais a preços muito acessíveis.

Capítulo 2

2. PESQUISA BIBLIOGRÁFICA

A palavra GSM refere-se ao Sistema Global de Comunicações Móveis. Hoje em dia, muitas pessoas estão a mostrar muito interesse em saber mais sobre os conceitos relacionados com o GSM. Por isso, aqui fizemos um levantamento de uma lista de várias ideias de projectos baseados no GSM que estão a ter mais procura e são muito interessantes de aprender. Os seguintes projectos baseados na tecnologia GSM que analisámos dão uma ideia prática da tecnologia GSM

2.1. KIT DE FERRAMENTAS PARA ECRÃS BASEADOS EM GSM

Atualmente, a comunicação sem fios anunciou a sua chegada ao grande palco e o mundo está a tornar-se móvel. Queremos controlar tudo e sem nos mexermos um milímetro. Este controlo remoto de aparelhos é possível através de sistemas incorporados. O principal objetivo deste projeto é conceber um kit de ferramentas de visualização automática orientado por SMS que possa substituir o visor eletrónico programável atualmente utilizado. Propõe-se a conceção de um kit de ferramentas de receção e visualização que pode ser programado a partir de um telemóvel autorizado. A mensagem a ser exibida é enviada através de um SMS de um transmissor autorizado. O kit de ferramentas recebe o SMS, valida o número de identificação móvel (MIN) do remetente e apresenta a informação desejada após as conversões de código necessárias.

2.2. SISTEMA DE AQUISIÇÃO DE DADOS BASEADO EM GSM

A aquisição de dados baseada em GSM é um sistema de controlo de processos que permite ao operador de um local monitorizar e controlar processos distribuídos por vários locais remotos. Este projeto foi concebido para monitorizar vários parâmetros como a humidade, a precipitação, a direção do vento, a temperatura, a intensidade da luz, etc. Este sistema poupa tempo e dinheiro ao eliminar a necessidade de o pessoal de serviço visitar cada local para inspeção e recolha de dados. São utilizados em todos os tipos de indústrias, desde sistemas de distribuição eléctrica, ao processamento de alimentos, a alarmes de segurança de instalações.

2.3. DESENVOLVIMENTO DE UM SISTEMA DE ENSINO E APRENDIZAGEM BASEADO EM SMS

A tecnologia do Serviço de Mensagens Curtas (SMS) é uma das tecnologias móveis mais estáveis que existe. A maior parte dos nossos estudantes do ensino superior tem telemóveis com funcionalidades SMS, que podem ser utilizadas para o ensino e a aprendizagem. Há muitos projectos que utilizam as tecnologias SMS na educação, como se pode ver na pesquisa bibliográfica, mas muitas publicações não fornecem as possíveis tecnologias subjacentes a implementar, como os sistemas de ensino e aprendizagem. O sistema é capaz de apoiar actividades administrativas de ensino e aprendizagem através da tecnologia SMS

2.4. CONCEPÇÃO E DESENVOLVIMENTO DE UM CONTADOR DE ENERGIA BASEADO EM GSM

O método tradicional de contagem para recuperar os dados de energia não é conveniente e o custo dos sistemas de registo de dados é elevado. O sistema de leitura automática de contadores (AMR) é um sistema de monitorização e controlo remoto de contadores domésticos de energia. O sistema AMR fornece a informação sobre a leitura do contador, o corte de energia, a carga total utilizada, o corte de energia e a regulação a pedido ou regularmente num determinado intervalo através de SMS. A informação está a ser enviada e recebida pela empresa fornecedora de energia em causa com a ajuda da rede GSM. O fornecedor de energia recebe a leitura do contador num segundo sem visitar a pessoa. O AMR minimiza o número de visitas tradicionais exigidas pelos funcionários da empresa fornecedora de energia. Este sistema não só reduz o custo do trabalho, mas também aumenta a precisão da leitura do contador e poupa muito tempo.

2.5. SISTEMA DE LEITURA AUTOMÁTICA DE CONTADORES BASEADO EM GSM UTILIZANDO ARM

Atualmente, a automatização em todos os domínios está a tornar-se necessária. O fornecedor de serviços de energia ainda utiliza métodos convencionais para obter a energia consumida por cada cliente. O sistema proposto lê automaticamente a energia consumida e envia-a ao fornecedor de serviços utilizando o SMS existente.

2.6. DISPOSITIVOS CONTROLADOS POR GSM DE UNIDADES MÚLTIPLAS

A mente humana necessita sempre de informações de interesse para controlar os sistemas que escolher. Na era dos sistemas electrónicos, é importante poder controlar e obter informações a partir de qualquer lugar. A gestão remota de vários aparelhos domésticos e de escritório é um assunto de interesse crescente e, nos últimos anos, temos visto muitos sistemas que fornecem esses controlos. Neste estudo, desenvolvemos uma interface que é um controlador remoto para casa/escritório baseado num telefone, equipado com potência para ligar/desligar e receber o ESTADO de aparelhos eléctricos localizados remotamente.

Capítulo 3
3. DEFINIÇÃO DO PROBLEMA

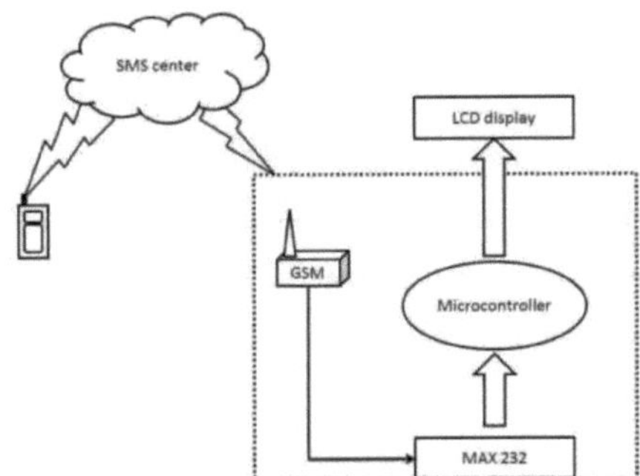

Fig 3.1 visão geral do sistema

Como se pode ver na figura acima, existem pelo menos três circuitos de interface: MAX 232 com microcontrolador, ecrã LCD com microcontrolador e MAX-232 com MODEM GSM. Não é um facto desconhecido que o interfaceamento de um MODEM com um PC normal é bastante fácil com a ajuda dos comandos AT que lhe são enviados a partir da janela Hyper Terminal. Mas temos de ter em conta o facto de o MODEM necessitar de uma ligação com fios numa extremidade e sem fios na outra. Dedicar um computador de uso geral a cada um dos locais dos painéis de visualização, embora facilite muito a tarefa, é demasiado caro para ser uma possibilidade. Por isso, utilizamos o microcontrolador Atmel 89S52 com memórias EEROM de 64 Kb.

Fig 3.2 diagrama de blocos do sistema

A complexidade da codificação aumenta substancialmente, mas, uma vez programado, o módulo funciona no seu melhor, uma vez que se trata de um sistema incorporado dedicado e não de um computador de uso geral. O processo de conceção envolve a identificação e montagem de todo o hardware necessário e a garantia de uma interface à prova de falhas entre todos os componentes. Depois, temos o processo de codificação que tem de ter em conta os atrasos entre duas transmissões sucessivas e, mais importante ainda, a validação do número do remetente. O número de números de telemóvel válidos pode ser superior a um. A limitação é a RAM do microcontrolador e não as complexidades de codificação.

Capítulo 4

4. ESPECIFICAÇÃO DOS REQUISITOS DO SISTEMA

4.1. REQUISITOS DE HARDWARE

4.1.1 MODEM GSM

Um modem GSM é um modem sem fios que funciona com uma rede sem fios GSM. Um modem sem fios comporta-se como um modem com ligação telefónica. A principal diferença entre eles é que um modem dial-up envia e recebe dados através de uma linha telefónica fixa, enquanto um modem sem fios envia e recebe dados através de ondas de rádio. Tal como um telemóvel GSM, um modem GSM necessita de um cartão SIM de um operador sem fios para funcionar.

O modem GSM sim 300 pode aceitar qualquer cartão SIM de um operador de rede GSM e funcionar como um telemóvel com o seu próprio número de telefone único. A vantagem de utilizar este modem é que pode utilizar a sua porta RS232 para comunicar e desenvolver aplicações integradas. Aplicações como o controlo de SMS, a transferência de dados, o controlo remoto e o registo podem ser facilmente desenvolvidas. O modem pode ser ligado diretamente à porta série do PC ou a qualquer microcontrolador. Pode ser utilizado para enviar e receber SMS ou efetuar/receber chamadas de voz. Também pode ser utilizado em modo GPRS para se ligar à Internet e fazer muitas aplicações de registo e controlo de dados. No modo GPRS, pode também ligar-se a qualquer servidor FTP remoto e carregar ficheiros para registo de dados. Este modem GSM é um modem GSM quad band plug and play altamente flexível para integração direta e fácil com aplicações RS232. Suporta funcionalidades como voz, SMS, dados/fax, GPRS e pilha TCP/IP integrada.

Os computadores utilizam comandos AT para controlar os modems. Tanto os modems GSM como os modems com ligação telefónica suportam um conjunto comum de comandos AT normalizados. O modem GSM pode ser utilizado tal como um modem com ligação telefónica. Para além dos comandos AT normais, os modems GSM suportam um conjunto alargado de comandos AT. Estes comandos AT alargados estão definidos nas normas GSM. Com os comandos AT alargados, é possível fazer várias coisas.

- Envio de mensagens SMS.
- Monitorização da intensidade do sinal.
- Monitorização do estado de carregamento e do nível de carga da bateria.
- Ler, escrever e consultar listas telefónicas.

Fig 4.1 Modem GSM

4.1.2 Ecrã LCD

Um dos dispositivos mais comuns ligados a um 8051 é um ecrã LCD. Alguns dos LCDs mais comuns ligados ao 8051 são os ecrãs 16x2 e 20x2. Isto significa 16 caracteres por linha por 2 linhas e 20 caracteres por linha por 2 linhas, respetivamente. Nos últimos anos, o LCD tem vindo a ser amplamente utilizado, substituindo os LED.

Tal deve-se às seguintes razões:

1. Diminuição dos preços
2. Capacidade de visualizar números, caracteres e gráficos.
3. Incorporação de um controlador de refrescamento no LCD
4. Facilidade de programação

Fig 4.2 Ecrã LCD

Felizmente, existe um padrão muito popular que nos permite comunicar com a grande maioria dos LCDs, independentemente do seu fabricante. A norma é designada por HD44780U, que se refere ao chip controlador que recebe os dados

de uma fonte externa (neste caso, o 8051) e comunica diretamente com o LCD. A norma 44780 requer 3 linhas de controlo, bem como 4 ou 8 linhas de E/S para o barramento de dados. O utilizador pode selecionar se o LCD deve funcionar com um barramento de dados de 4 bits ou de 8 bits.

Se for utilizado um barramento de dados de 4 bits, o LCD necessitará de um total de 7 linhas de dados (3 linhas de controlo mais as 4 linhas para o barramento de dados). Se for utilizado um barramento de dados de 8 bits, o LCD necessitará de um total de 11 linhas de dados (3 linhas de controlo mais as 8 linhas para o barramento de dados).

Símbolo do pino I/O Descrição:

PIN NÃO	Símbolo	Fação
1	vss	GND
2	VDD	+5V
3	**VO**	Ajuste do contraste
4	**RS**	H/L Sinal de seleção de registo

5	R/W	H/L Sinal de leitura/escrita
6	É	Sinal de ativação H/L
7	**DBO**	H/L Linha de barramento de dados
8	**DB1**	H/L Linha de barramento de dados
9	□62	H/L Linha de barramento de dados
10	□83	H/L Linha de barramento de dados
11	**DB4**	H/L Linha de barramento de dados
12	DB5	H/L Linha de barramento de dados
13	□66	H/L Linha de barramento de dados
14	**DB7**	H/L Linha de barramento de dados
15	A	+4,2 V para LED
16	**K**	Fornecimento de remo para SKL(OV)

Sinais importantes

Os seguintes pinos são importantes para os LCDs durante a programação

Ativar (EN)

A linha EN é designada por "Enable". Esta linha de controlo é utilizada para informar o LCD de que está a enviar dados. Para enviar dados para o LCD, o seu programa deve certificar-se de que esta linha está baixa (0) e, em seguida, definir as outras duas linhas de controlo e/ou colocar dados no barramento de dados. Quando as outras linhas estiverem completamente prontas, coloque a EN alta (1) e espere o tempo mínimo exigido pela folha de dados do LCD (isto varia de LCD para LCD), e termine colocando-a baixa (0) novamente.

. **Seleção de registo (RS)**

A linha RS é a linha "Register Select". Quando RS é baixo (0), os dados devem ser tratados como um comando ou instrução especial (como limpar o ecrã, posicionar o cursor, etc.). Quando RS é alto (1), os dados enviados são dados de texto que devem ser apresentados no ecrã. Por exemplo, para visualizar a letra "T" no ecrã, deve colocar RS alto.

Leitura/escrita (R/W)

A linha RW é a linha de controlo de "Leitura/Escrita". Quando RW é baixo (0), a informação no bus de dados está a ser escrita no LCD. Quando RW é alto (1), o programa está efetivamente a consultar (ou ler) o LCD. Apenas uma instrução ("Get LCD status") é um comando de leitura. Todas as outras são comandos de escrita - portanto, RW estará quase sempre baixo. Finalmente, o barramento de dados consiste em 4 ou 8 linhas (dependendo do modo de operação selecionado pelo utilizador). No caso de um barramento de dados de 8 bits, as linhas são referidas como DB0, DB1, DB2, DB3, DB4, DB5, DB6 e DB7.

Acima está o esquema bastante simples. O *Enable* e o *Register* Select do painel LCD estão ligados à Porta de Controlo. A Porta de Controlo é uma saída de coletor aberto / dreno aberto. Embora a maioria das portas paralelas tenha resistências de pull-up internas, há algumas que não têm. Assim, ao incorporar as duas resistências pull up externas de 10K, o circuito é mais portátil para uma gama mais alargada de computadores, alguns dos quais podem não ter resistências pull up internas.

Não fazemos qualquer esforço para colocar o barramento de dados na direção inversa. Por isso, ligamos a linha *R/W* do painel LCD ao modo de escrita. Isto não causará conflitos de barramento nas linhas de dados. Como resultado, não podemos ler o Busy Flag interno do LCD, que nos diz se o LCD aceitou e terminou de processar a última instrução.

O potenciómetro de 10k controla o contraste do painel LCD. Aqui não há nada de especial. Como em todos os exemplos, deixei de fora a fonte de alimentação. Pode usar uma fonte de alimentação de bancada regulada para 5v ou usar um regulador +5 integrado. Lembre-se de alguns condensadores de desacoplamento, especialmente se tiver problemas com o funcionamento correto do circuito.

Código (Hex)	**Registo de instruções de comando para LCD**
1	Limpar o ecrã

2	Regresso a casa
4	Diminuir o cursor (Deslocar o cursor para a esquerda)
6	Cursor de incremento (Deslocar o cursor para a direita)
5	Deslocar o ecrã para a direita
7	Deslocar o ecrã para a esquerda
8	Ecrã desligado cursor desligado
A	Ecrã ligado. cursor desligado
C	Ecrã ligado= cursor **desligado**
E	Indicação do cursor a piscar
F	Ecrã ligado. Cursor a piscar
10	Deslocar a posição do cursor para a esquerda
14	Deslocar a posição do cursor para a direita
18	Deslocar todo o ecrã para a esquerda

IC	Deslocar todo o ecrã para **a** direita
80	Forçar o cursor para o início da linha 1
OCO	Forçar o cursor para o início de Ik[1] hue
38	**2hues** e Matriz 5x7

Tabela 4.2 Conjunto de comandos do LCD

4.1.3 Microcontrolador AT89S52

Caraterísticas:

1. Compatível com os produtos MCS-51
2. 8K Bytes de memória flash programável no sistema (ISP)
3. Resistência: 1000 ciclos de escrita/apagamento
4. 4,0 V a 5,5 V Gama de funcionamento
5. Funcionamento totalmente estático: 0 Hz a 33 MHz.
6. Bloqueio de memória de programa de três níveis
7. Memória interna de 256X 8 bits
8. Bloqueio de memória de programa de três níveis
9. Oito fontes internas.
10. Canal serial UART full duplex.
11. Modo inativo e de desativação de baixo consumo
12. Temporizador do cão de guarda.
13. Ponteiro de dados duplo
14. Bandeira de desligamento.

Fig 4.3 Microcontrolador AT89S52

Descrição:

O AT89S52 é um microcontrolador CMOS de 8 bits de baixo consumo e elevado desempenho com 8K bytes de memória Flash programável no sistema. O dispositivo é fabricado utilizando a tecnologia de memória não volátil de alta densidade da Atmel e é compatível com o conjunto de instruções e pin out 8051 padrão da indústria. A memória Flash no chip permite que a memória de programa seja reprogramada no sistema ou por um programador de memória não volátil convencional. Combinando uma CPU versátil de 8 bits com flash programável no sistema num chip monolítico, o Atmel AT89S52 é um poderoso microcontrolador que fornece um Solução altamente flexível e económica para muitas aplicações de controlo incorporadas. O AT89S52 fornece os seguintes recursos padrão: 8K bytes de flash, 256 bytes de RAM, 32 linhas de E/S, temporizador Watchdog, dois ponteiros de dados, três temporizadores/contadores de 16 bits, arquitetura de interrupção de dois níveis de seis vectores, uma porta série full duplex, oscilador no chip e circuito de relógio. Além disso, o AT89S52 foi concebido com lógica estática para funcionamento até à frequência zero e suporta dois modos de poupança de energia selecionáveis por software. O Modo Inativo pára a CPU enquanto permite que a RAM, temporizador/contadores, porta serial e sistema de interrupção continuem funcionando. O modo de desligamento salva o conteúdo da RAM, mas congela o oscilador, desativando todas as outras funções do chip até a próxima interrupção ou redefinição de hardware.

4.1.1 MAX 232

O MAX 232 é um CI que converte o sinal da porta RS232 em sinais adequados para utilização em circuitos lógicos digitais compatíveis com TTL. O MAX232 é um controlador/recetor duplo e tipicamente converte os sinais RX, TX, CTS e RTS. Os controladores fornecem as saídas de nível de tensão RS 232 (aproximadamente +/- 7,5 Volts) a partir de um sinal de alimentação de +5V através de bombas de carga no chip e condensadores externos. Isto permite a implementação do RS-232 em dispositivos que, de outro modo, não necessitam de tensões fora da gama de 0V a +5V, uma vez que a fonte de alimentação não precisa de ser mais complicada apenas para acionar o RS-232 neste caso.

Fig 4.4 MAX232

Os receptores reduzem as entradas RS-232 (que podem ser tão altas como ± 25 V) para níveis TTL padrão de 5 V. Estes receptores têm um limiar típico de 1,3 V, e uma histerese atípica de 0,5 V. É útil compreender o que ocorre com os níveis de tensão. Quando um CI MAX232 recebe um nível TTL para converter, altera a lógica TTL 0 para entre +3 e +15 V, e altera a lógica TTL 1 para entre -3 e -15 V, e vice-versa para converter de RS232 para TTL. Isto pode ser confuso quando se percebe que as tensões de transmissão de dados RS232 num determinado estado lógico são opostas às tensões da linha de controlo RS232 no mesmo estado lógico. O MAX232 (A) tem dois receptores (converte de RS-232 para níveis de tensão TTL), e dois controladores (converte de lógica TTL para níveis de tensão RS-232). Isto significa que apenas dois dos sinais RS-232 podem ser convertidos em cada direção. Tipicamente, um par de um driver/recetor do MAX232 é usado para os sinais TX e RX, e o segundo para os sinais CTS e RTS.

Tipo de linha RS232 e nível lógico	**Tensão RS232**	**Tensão TTL de/para MAX232**
Transmissão de dados (Rx/Tx) lógica 0	+3Va+15 V	0 V
Transmissão de dados (Rx/Tx) lógica 1	-3Va-15 V	5 V
Sinais de controlo (RTS/CTS/DTR/DSR) lógica 0	-3 Va-15 V	5 V

Sinais de controlo (RTS/CTS/DTR/DSR) lógica 1	+3 Vto+15 V	0 V

Tabela 4.3 Descrição do sinal RS232

Não existem drivers/receptores suficientes no MAX232 para ligar também os sinais DTR, DSR e DCD. Normalmente estes sinais podem ser omitidos quando, por exemplo, se comunica com o interface série de um PC. Se o DTE realmente requerer estes sinais, ou um segundo MAX232 é necessário, ou algum outro IC da família MAX232 pode ser usado. Além disso, é possível ligar diretamente o DTR (DB9 pino #4) ao DSR (DB9 pino #6) sem passar por qualquer circuito. dá reconhecimento automático (brain dead) DSR de um sinal DTR de entrada.

4.2. REQUISITOS DE SOFTWARE

4.2.1 Embutido_C

A linguagem C incorporada é um conjunto de extensões para a linguagem de programação C, criado pelo comité de normas C para resolver os problemas de uniformização que existem entre as extensões C para diferentes sistemas incorporados. Historicamente, a programação em C incorporada exige extensões não normalizadas da linguagem C para suportar caraterísticas exóticas como a aritmética de vírgula fixa, vários bancos de memória distintos e operações básicas de E/S.

Diferença entre C e C incorporado

Embora o C e o C incorporado pareçam diferentes e sejam utilizados em contextos diferentes, têm mais semelhanças do que diferenças. A maior parte das construções são as mesmas; a diferença reside nas suas aplicações.

- O C é utilizado para computadores de secretária, enquanto o C incorporado é utilizado para aplicações baseadas em microcontroladores.
- O C utiliza mais recursos de um PC de secretária, como memória, SO, etc., enquanto programa em sistemas de secretária, o que o C incorporado não consegue. O C incorporado tem de utilizar os recursos limitados (RAM, ROM, E/S) de um processador incorporado. Assim, o código do programa deve caber na memória de programa disponível. Se o código exceder o limite, o sistema corre o risco de falhar.
- Os compiladores para C (ANSI C) geram normalmente ficheiros executáveis dependentes do sistema operativo. O C incorporado exige que os compiladores criem ficheiros que serão descarregados para os microcontroladores/microprocessadores onde têm de ser executados. Os compiladores incorporados dão acesso a todos os recursos, o que não acontece com os compiladores para aplicações em computadores de secretária.
- Os sistemas incorporados têm frequentemente condicionalismos de tempo real, o que normalmente não acontece com as aplicações de computadores de secretária.

□ Os sistemas incorporados não dispõem frequentemente de uma consola, que está disponível no caso das aplicações de secretária.

A linguagem de programação C é talvez a linguagem de programação mais popular para a programação de sistemas incorporados. O C continua a ser uma linguagem muito popular entre os programadores de microcontroladores devido à eficiência do código e à

A linguagem de programação C é talvez a linguagem de programação mais popular para a programação de sistemas incorporados. C continua a ser uma linguagem muito popular entre os programadores de microcontroladores devido à eficiência do código e à redução das despesas gerais e do tempo de desenvolvimento. C oferece controlo de baixo nível e é considerada mais legível do que a linguagem assembly, que é um pouco difícil de compreender. A linguagem de montagem requer mais escrita de código, ao passo que a linguagem C é fácil de compreender e requer menos codificação. Além disso, a utilização de C aumenta a portabilidade, uma vez que o código C pode ser compilado para diferentes tipos de processadores. Podemos programar microcontroladores utilizando o 8051, o AVR ou o PIC.

Podemos desenvolver os nossos programas de acordo com o nosso hardware eletrónico utilizando o microcontrolador 8051. Por exemplo, podemos piscar o led, incrementar e decrementar contadores, exibir tokens, etc.

A maioria dos programadores de C são mimados porque programam em ambientes onde não só existe uma implementação de biblioteca padrão, mas também há frequentemente uma série de outras bibliotecas disponíveis para uso. O facto é que, em sistemas embebidos, raramente existem muitas das bibliotecas a que os programadores se habituaram, mas ocasionalmente um sistema embebido pode não ter uma biblioteca padrão completa, se é que existe uma biblioteca padrão. Poucos sistemas incorporados têm capacidade de ligação dinâmica, pelo que, para que as funções da biblioteca padrão estejam disponíveis, têm frequentemente de ser ligadas diretamente ao executável. Muitas vezes, por questões de espaço, não é possível ligar um ficheiro de biblioteca inteiro, e os programadores são muitas vezes forçados a "fabricar as suas próprias" implementações de bibliotecas padrão em C, se as quiserem utilizar. Embora algumas bibliotecas sejam volumosas e não sejam adequadas para uso em microcontroladores, muitos sistemas de desenvolvimento ainda incluem as bibliotecas padrão que são as mais comuns para programadores C.

reduziu as despesas gerais e o tempo de desenvolvimento. A linguagem C oferece controlo de baixo nível e é considerada mais legível do que a linguagem assembly, que é um pouco difícil de compreender. A linguagem assembly requer mais escrita de código, ao passo que o C é fácil de compreender e requer menos codificação. Além disso, a utilização de C aumenta a portabilidade, uma vez que o código C pode ser compilado para diferentes tipos de processadores. Podemos programar microcontroladores utilizando o 8051, o AVR ou o PIC.

Podemos desenvolver os nossos programas de acordo com o nosso hardware eletrónico utilizando o microcontrolador 8051. Por exemplo, podemos piscar o led, incrementar e decrementar contadores, exibir tokens, etc.

A maioria dos programadores de C são mimados porque programam em ambientes onde não só existe uma implementação de biblioteca padrão, mas também há frequentemente uma série de outras bibliotecas disponíveis para uso. O facto é que, em sistemas embebidos, raramente existem muitas das bibliotecas a que os programadores se habituaram, mas ocasionalmente um sistema embebido pode não ter uma biblioteca padrão completa, se é que existe uma biblioteca padrão. Poucos sistemas embarcados têm

4.2.2 Kiel_software

A maioria das bibliotecas c não tem capacidade de ligação dinâmica, pelo que, para que as funções da biblioteca standard estejam disponíveis, têm frequentemente de ser ligadas diretamente ao executável. Muitas vezes, devido a questões de espaço, não é possível ligar um ficheiro de biblioteca completo, e os programadores são muitas vezes forçados a "fabricar as suas próprias" implementações de bibliotecas C padrão, se as quiserem utilizar. Embora algumas bibliotecas sejam volumosas e não sejam adequadas para uso em microcontroladores, muitos sistemas de desenvolvimento ainda incluem as bibliotecas padrão que são as mais comuns para programadores C.

O C continua a ser uma linguagem muito popular para os programadores de microcontroladores devido à eficiência do código e à redução das despesas gerais e do tempo de desenvolvimento. O C oferece controlo de baixo nível e é considerado mais legível do que o assembly. Muitos compiladores C gratuitos estão disponíveis para uma grande variedade de plataformas de desenvolvimento. Os compiladores fazem parte de IDEs com suporte a ICD, pontos de interrupção, single-stepping e uma janela de montagem. O desempenho dos compiladores C melhorou consideravelmente nos últimos anos, e afirma-se que são mais ou menos tão bons como o assembly, dependendo de a quem se pergunta. A maioria das ferramentas oferece agora opções para personalizar a otimização do compilador. Além disso, a utilização de C aumenta a portabilidade, uma vez que o código C pode ser compilado para diferentes tipos de processadores.

4.2.3 Software Kiel

As ferramentas de desenvolvimento da Kiel para a arquitetura de microcontroladores 8051 suportam todos os níveis de desenvolvimento de software, desde o engenheiro de aplicações profissional até ao estudante que está apenas a aprender a desenvolver software incorporado.

As ferramentas de desenvolvimento Kiel 8051 foram concebidas para resolver os problemas complexos que os programadores de software incorporado enfrentam.

□ Ao iniciar um novo projeto, basta selecionar o microcontrolador que utiliza na base de dados de dispositivos e o IDE ^Vision define todas as opções de compilador, assemblador, ligador e memória.

□ Estão incluídos vários programas de exemplo para o ajudar a começar a utilizar os dispositivos 8051 incorporados mais populares.

□ O depurador Kiel ^Vision simula com precisão os periféricos no chip (FC, CAN, UART, SPI, interrupções, portas de E/S, conversor A/D, conversor D/A e módulos PWM) do seu dispositivo 8051. A simulação ajuda-o a compreender as configurações de hardware e evita a perda de tempo com problemas de configuração. Além disso, com a simulação, é possível escrever e testar aplicações antes de o hardware alvo estar disponível.

□ Quando estiver pronto para começar a testar a sua aplicação de software com hardware alvo, utilize os Monitores de Alvo MON51, MON390, MONADI ou FlashMON51, o Depurador de Sistema ISD51 ou o Adaptador ULINK USB-JTAG para transferir e testar o código do programa no sistema alvo.

O Atmel AT89S52 é um controlador CMOS totalmente estático baseado no 8051, com bloqueio de memória de programa de três níveis, 32 linhas de E/S, 3 temporizadores/contadores, 8 fontes de interrupções, temporizador de cão de guarda, 2 DPTRs, memória flash de 8K, 256 bytes de RAM no chip

Se não for mais simples, a versão da linguagem de programação C usada para o ambiente do microcontrolador não é muito diferente do C padrão quando se trabalha com operações matemáticas ou se organiza o código. A principal diferença tem a ver com as limitações do processador do microcontrolador 89S52 em comparação com os computadores modernos.

Mesmo que não esteja muito familiarizado com a linguagem C, este tutorial apresentará todas as técnicas básicas de programação que serão utilizadas ao longo deste tutorial. Ele também mostrará como usar o KEIL IDE.

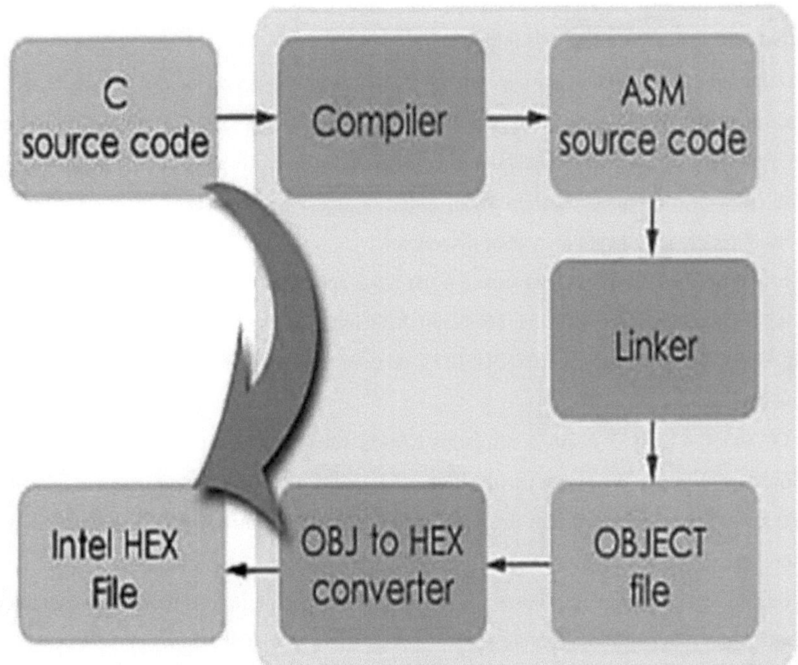

Fig 4.5 Conversão de código C para HEX

Do programa C para a linguagem de máquina

O código fonte C é uma linguagem de muito alto nível, o que significa que está longe de estar ao nível da linguagem de máquina que pode ser executada por um processador. Esta linguagem de máquina é basicamente constituída por zeros e uns e está escrita em formato hexadecimal, razão pela qual se chamam ficheiros HEX. Existem vários tipos de ficheiros HEX; vamos produzir código de máquina no formato INTEL HEX-80, uma vez que este é o output do KEIL IDE que vamos utilizar. *A figura* mostra que, para converter um programa C em linguagem de máquina, são necessários vários passos, dependendo da ferramenta que se está a utilizar, no entanto, a ideia principal é produzir um ficheiro HEX no final. Este ficheiro HEX será então usado pelo "queimador" para escrever cada pedaço de dados no local apropriado na EEPROM do 89S52.

4.2.4 Comandos AT

Os comandos AT são utilizados para controlar os MODEM. AT é a **abreviatura de Attention (atenção)**. Estes comandos provêm dos **comandos Hayes** que eram utilizados pelos modems inteligentes Hayes. Os comandos Hayes começavam com AT para indicar a atenção do MODEM. Os MODEM com ligação telefónica e sem fios (dispositivos que envolvem comunicação máquina a máquina) necessitam de comandos AT para interagir com um computador. Estes incluem o conjunto de comandos Hayes como um subconjunto, juntamente com outros ***comandos AT*** alargados.

Os comandos AT com um **MODEM GSM/GPRS** ou um **telemóvel** podem ser utilizados para aceder às seguintes informações e serviços:

1. Informações e configurações relativas ao dispositivo móvel ou ao MODEM e ao cartão SIM.
2. Serviços SMS.
3. Serviços MMS.
4. Serviços de fax.
5. Ligação de dados e voz através da rede móvel

Os comandos do subconjunto Hayes são designados por comandos básicos e os comandos específicos de uma rede GSM são designados por comandos AT alargados.

Tipos de comandos AT:

Existem quatro tipos de comandos AT:

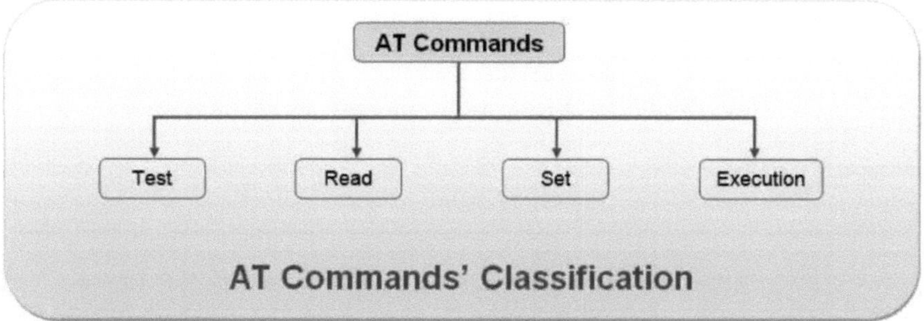

Fig 4.6 Classificação dos comandos AT

Explicação dos comandos AT habitualmente utilizados:

1) AT - Este comando é utilizado para verificar a comunicação entre o módulo e o computador. Por exemplo, AT OK

O comando devolve um código de resultado OK se o computador (porta série) e o módulo estiverem corretamente ligados. Se algum módulo ou SIM não estiver a funcionar, o comando devolve um código de resultado ERROR.

2) **+CMGF** - Este comando é utilizado para definir o modo SMS. O modo de texto ou PDU pode ser selecionado atribuindo 1 ou 0 ao comando.

SINTAXE: AT+CMGF=<modo>

0: para o modo PDU

1: para o modo de texto

O modo de texto do SMS é mais fácil de utilizar, mas permite funcionalidades limitadas do SMS. O modo

A PDU (unidade de dados de protocolo) permite um maior acesso aos serviços SMS, mas o operador necessita de conhecimentos de TPDU ao nível dos bits. No modo PDU, os cabeçalhos e o corpo do SMS são acedidos em formato hexadecimal, pelo que é possível utilizar mais funcionalidades.

Por exemplo,

AT+CMGF=1

OK

3) **+CMGW** - Este comando é utilizado para armazenar mensagens no SIM.

SINTAXE: AT+CMGW=" Número de telefone"> *Mensagem a armazenar* Curlz

Quando se escreve AT+CMGW e o número de telefone, o sinal ">" aparece na linha seguinte, onde se pode escrever a mensagem. Neste caso, podem ser digitadas mensagens com várias linhas. É por isso que a mensagem é terminada com a combinação "Curlz". Ao premir Curlz, é apresentada no ecrã a seguinte resposta informativa.

+CMGW: Número no qual a mensagem foi armazenada

4) +CMGS - Este comando é utilizado para enviar uma mensagem SMS para um número de telefone.

SINTAXE: AT+CMGS= número de série da mensagem a enviar.

Quando o comando AT+CMGS e o número de série da mensagem são introduzidos, o SMS é enviado para o SIM em causa.

Por exemplo, AT+CMGS=1

OK

Capítulo 5

5. MODELAÇÃO E CONCEPÇÃO DE SISTEMAS

5.1. O MODELO DE ENGENHARIA

Um sistema incorporado é uma combinação de hardware e software e, eventualmente, de outras peças mecânicas concebidas para desempenhar uma função específica. Teoricamente, um SMS enviado de um telemóvel para um modem GSM é recebido pelo GSM e armazenado através de comandos AT. Utilizando o microcontrolador, é possível recuperar a mensagem armazenada no GSM e visualizá-la num ecrã LCD utilizando linguagens de programação incorporadas. É possível enviar informações curtas de um telemóvel como SMS e visualizá-las até à próxima mensagem.

5.2. MODELOS DE SISTEMAS

5.2.1. Diagrama de casos de utilização

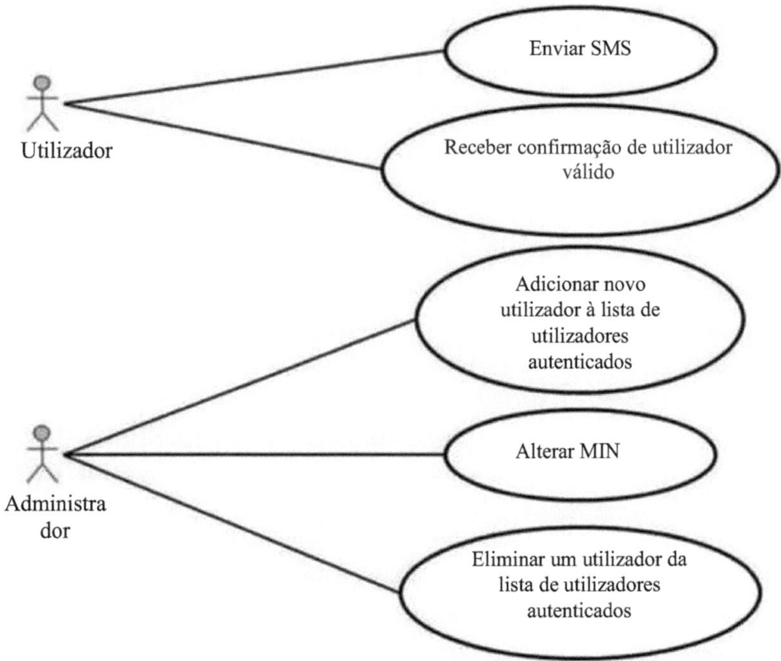

Fig 5.1 diagrama de casos de utilização (cont...)

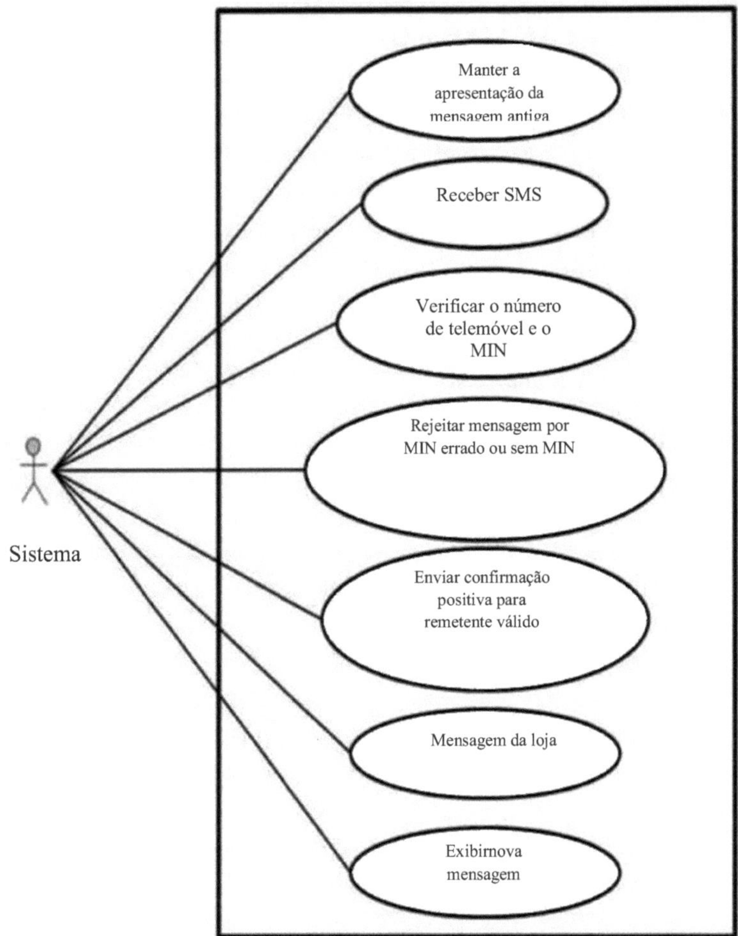

Fig 5.2 diagrama de casos de utilização

O utilizador interage com o sistema enviando uma mensagem ao sistema para que este a visualize. Quando o sistema recebe a mensagem, verifica a identificação do utilizador (MIN) com o seu número. Se a validação se revelar autêntica, a mensagem é armazenada e prossegue com a apresentação da mensagem. A negação de autenticação (MIN errado) resulta na rejeição da mensagem. O administrador tem a responsabilidade de acrescentar utilizadores à lista de autenticados, de os eliminar da lista e de alterar o código de acesso (MIN).

5.2.2. Decomposição funcional

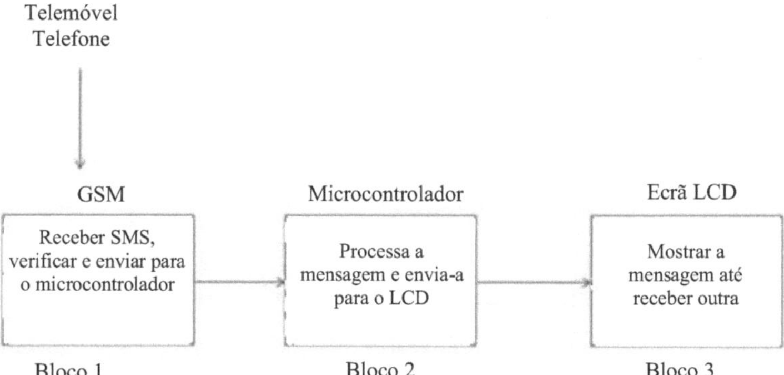

Fig 5.3 diagrama de decomposição funcional

As partes constituintes envolvidas no processo são

- Telemóvel
- GSM (sistema global para telemóveis)
- Microcontrolador
- Ecrã LCD

O primeiro bloco é o gsm que recebe, verifica e encaminha a mensagem para o microcontrolador. O micro é o segundo bloco. O micro processa a mensagem e envia-a para o LCD. O LCD, comportando-se como a terceira parte constituinte, exibe a mensagem até ser chamado pelo micro para exibir uma nova mensagem

5.2.3. Diagrama de fluxo de dados

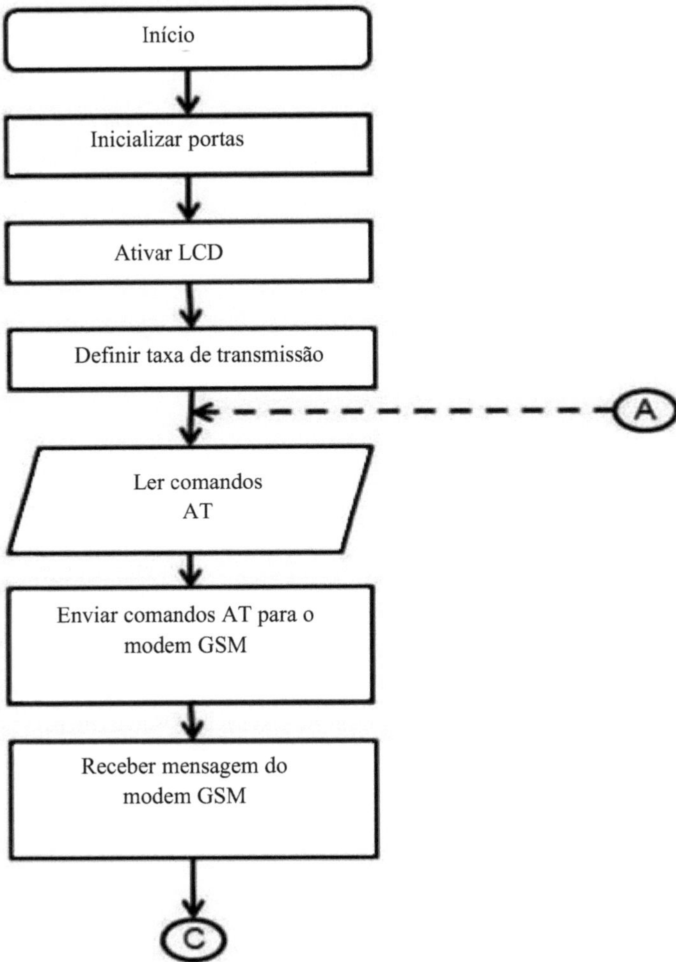

Fig 5.4 Fluxograma (cont...)

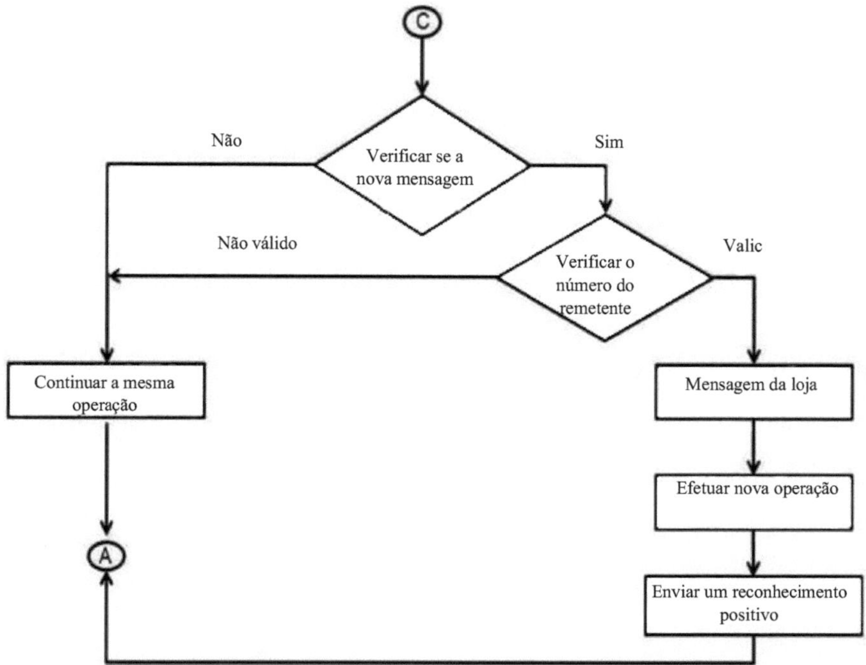

Fig. 5.5 Fluxograma

O fluxo começa com a inicialização das portas dos componentes. O LCD é ativado e a taxa de transmissão é definida. O módulo de programa indica os comandos AT que têm de ser executados pelo GSM. Quando o micro lê estes comandos AT, é enviado para o módulo GSM onde os comandos são processados. Neste momento, as mensagens são enviadas para o micro para que possam ser visualizadas. A atualização das mensagens é verificada e, se o remetente for válido, as mensagens são armazenadas. É efectuada qualquer operação relacionada com o resultado atual. Uma vez efectuadas as operações, é enviado o aviso de receção. Na pior das hipóteses, se não houver novas mensagens, o ciclo de verificação de novas mensagens continua até à chegada de uma nova mensagem.

5.2.4. Diagrama de transição de estados

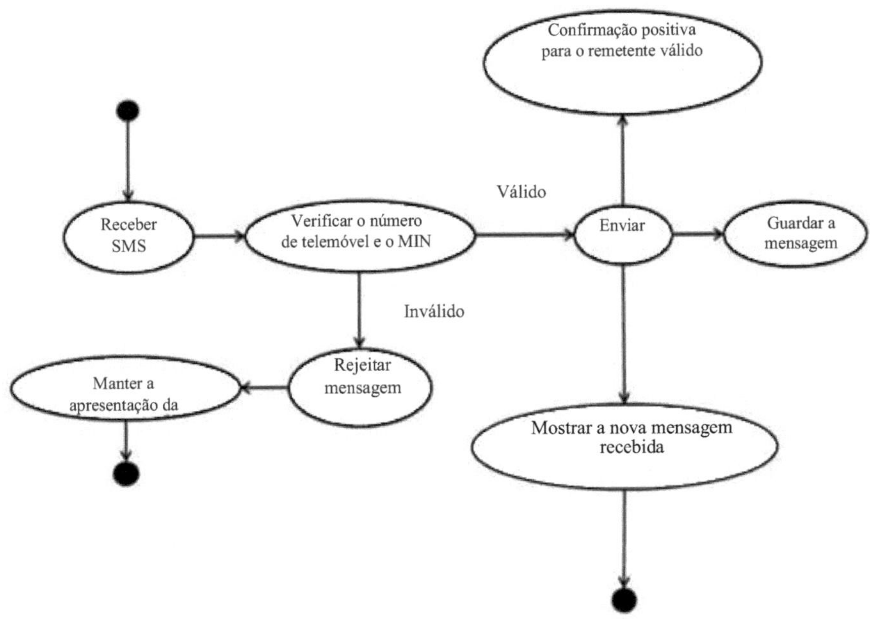

Fig 5.6 Diagrama de transição de estado

A transição de estado refere-se a todos os estados finitos em que o sistema entra durante o processo, indicando o comportamento do sistema quando a mensagem é recebida do utilizador final. Assim que a mensagem é recebida do utilizador, a mensagem é validada por comparação com os caracteres da palavra-passe. A mensagem é armazenada e enviada para visualização. No outro cenário, a mensagem inválida do utilizador é rejeitada pelo microcontrolador e, mais tarde, continua a verificar se há novas mensagens recentes

5.2.5. Arquitetura do sistema

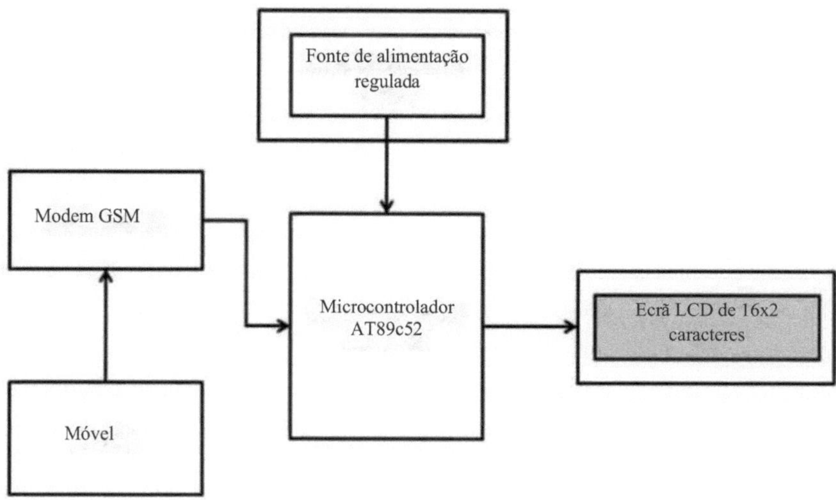

Fig 5.7 arquitetura do sistema

A arquitetura do sistema é constituída por um microcontrolador que intervém no funcionamento e na validação. A alimentação regulada destina-se a alimentar todos os componentes do circuito. O modem GSM armazena todas as mensagens recebidas pelo utilizador e todas as operações efectuadas pelo GSM devem-se aos comandos AT iniciados pelo microcontrolador. O microcontrolador envia a mensagem para o LCD. O LCD recebe a mensagem e só pode apresentar 16*2 caracteres de cada vez. O telemóvel é o utilizador final que inicia a interação com o GSM enviando uma mensagem.

Capítulo 6

6.1. IMPLEMENTAÇÃO

6.1 MICROCONTROLADOR - INTERFACE COM MODEM

6.1.1. DTE e DCE

Os termos DTE e DCE são muito comuns no mercado das comunicações de dados. DTE é a abreviatura de Data Terminal Equipment (equipamento terminal de dados) e DCE significa Data Communications Equipment (equipamento de comunicações de dados). Mas o que é que eles significam realmente?

Tal como o nome completo DTE indica, trata-se de um dispositivo que termina uma linha de comunicação, enquanto o DCE fornece um caminho para a comunicação. Digamos que temos um computador que pretende comunicar com a Internet através de um modem e de uma ligação telefónica. Para aceder à Internet, diz ao seu

modem para marcar o número do seu fornecedor. Depois de o seu modem ter marcado o número, o modem do fornecedor responderá à sua chamada e ouvirá muito barulho. Em seguida, fica silencioso e vê a sua mensagem de início de sessão ou o seu programa de marcação diz-lhe que a ligação foi estabelecida. Agora tem uma ligação com o servidor do seu fornecedor e pode navegar na Internet. Neste exemplo, o seu PC é um terminal de dados (DTE). Os dois modems (o seu e o do seu fornecedor) são DCEs, que tornam possível a comunicação entre si e o seu fornecedor. Mas agora temos de olhar para o servidor do seu fornecedor. Ele é um DTE ou DCE? A resposta é um DTE. É ele que termina a linha de comunicação entre si e o servidor. Quando se pretende ir do servidor fornecido para outro local, é utilizada outra interface. Assim, o DTE e o DCE dependem da interface. É possível, por exemplo, que para a sua ligação ao servidor, o servidor seja um DTE, mas que esse mesmo servidor seja um DCE para o equipamento a que está ligado no resto da rede.

6.1.2. RS-232

Nas telecomunicações, a RS-232 é uma norma para sinais de dados binários em série que liga um DTE (equipamento terminal de dados) a um DCE (equipamento de terminação de circuitos de dados). É normalmente utilizado em portas de série de computadores. No RS 232, os dados são enviados como uma série temporal de bits. As transmissões síncronas e assíncronas são suportadas pela norma rd. Para além dos circuitos de dados, a norma define uma série de circuitos de controlo utilizados para gerir a ligação entre o DTE e o DCE. Cada circuito de dados ou de controlo funciona apenas num sentido, ou seja, sinalização de um DTE para o DCE ligado ou o inverso. Uma vez que os dados de transmissão e os dados de receção são circuitos separados, a interface pode funcionar em modo full duplex, suportando um fluxo de dados simultâneo em ambas as direcções. A norma não define o enquadramento de caracteres no fluxo de dados, nem a codificação de caracteres.

Fig.6.1 Rs 232

Função	**Sinal**	**PIN**	**DTE**	**DCE**
DADOS	TXD	3	Saída	Entrada
	RXD	2	Entrada	Saída
Aperto de mão	RTS	7	Saída	Entrada
	CTS	8	Entrada	Saída
	DSR	6	Entrada	Saída
	DCD	1	Entrada	Saída
	STR	4	Saída	Entrada
Comum	Com	5	-	-

Outros	RI	9	Saída	Entrada

Fig 6.1 Sinais e funções RS-232 DTE e DCE

6.1.2.1. Sinais RS-232

- **Dados transmitidos (TXD)**

Dados enviados do DTE para o DCE.

- **Dados recebidos (RXD)**

Dados enviados do DCE para o DTE.

- **Pedido de envio (RTS)**

Ativado (definido para 0) pelo DTE para preparar o DCE para receber dados. Isto pode exigir uma ação por parte do DCE, por exemplo, a transmissão de uma portadora ou a inversão do sentido de uma linha half duplex.

- **Limpar para enviar (CTS)**

Ativado pelo DCE para confirmar o RTS e permitir que o DTE transmita.

- **Terminal de dados pronto (DTR)**

Ativado pelo DTE para indicar que está pronto para ser ligado. Se o DCE for um modem, deve ficar "fora do gancho" quando recebe este sinal. Se este sinal for dissertado, o modem deve responder desligando imediatamente.

- **Conjunto de dados pronto (DSR)**

Afirmado pelo DCE para indicar uma ligação ativa. Se o DCE não for um modem (p. ex., um cabo de modem nulo ou outro equipamento), este sinal deve ser permanentemente ativado (definido para 0), possivelmente através de um jumper para outro sinal.

- **Deteção de portadora (CD)**

Ativado pelo DCE quando é estabelecida uma ligação com o equipamento remoto.

1.2 INTERFACE MICROCONTROLADOR-LCD

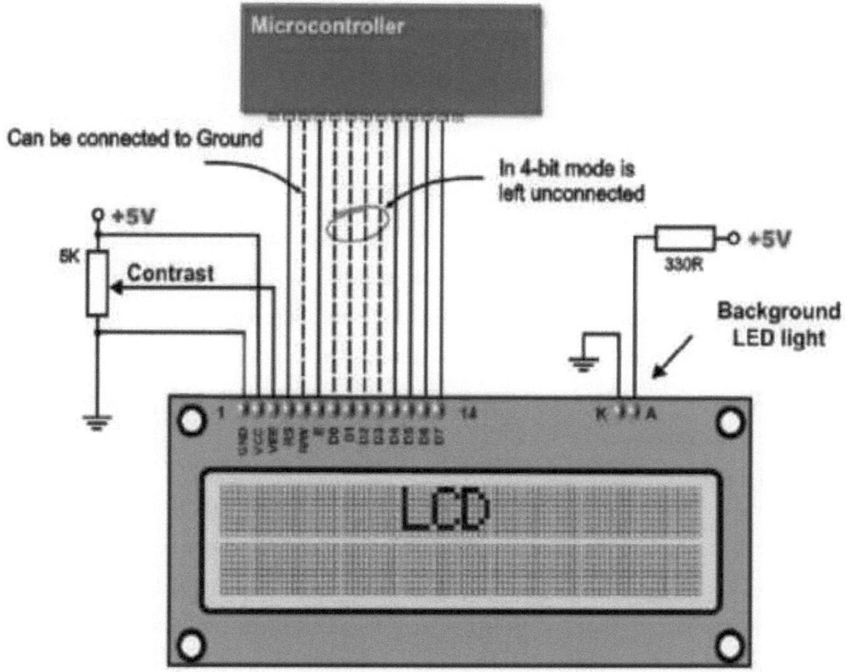

Fig 6.2 Interface entre o microcontrolador e o LCD

Acima está o esquema bastante simples. O *Enable* e o *Register Select* do painel LCD estão ligados à Porta de Controlo. A Porta de Controlo é uma saída de coletor aberto / dreno aberto. Embora a maioria das portas paralelas tenha resistências de pull-up internas, há algumas que não têm. Assim, ao incorporar as duas resistências pull up externas de 5K, o circuito é mais portátil para uma gama mais alargada de computadores, alguns dos quais podem não ter resistências pull up internas.

Não fazemos qualquer esforço para colocar o barramento de dados na direção inversa. Por isso, ligamos a linha *R/W* do painel LCD ao modo de escrita. Isso não causará conflitos de barramento nas linhas de dados. Como resultado, não podemos ler o Busy Flag interno do LCD, que nos diz se o LCD aceitou e terminou de processar a última instrução. Este problema é ultrapassado através da inserção de atrasos conhecidos no nosso programa. O potenciómetro de 10k controla o contraste do painel LCD. Nada de especial aqui. Como em todos os exemplos, deixei de fora a fonte de alimentação. Pode usar uma fonte de alimentação de bancada regulada para 5v ou usar um regulador +5 integrado. O utilizador pode selecionar se o LCD deve funcionar com um barramento de dados de 4 bits ou com um barramento de dados de 8 bits. Se for utilizado um bus de dados de 4 bits, o LCD necessitará de um total de 7 linhas de dados.

Se for utilizado um bus de dados de 8 bits, o LCD necessitará de um total de 11 linhas de dados. As três linhas de controlo são **EN, RS** e **RW**. Note-se que a linha EN deve ser aumentada/diminuída antes/depois de cada instrução enviada para o LCD, independentemente do facto de essa instrução ser de leitura ou de escrita de texto ou de instrução. Em suma, deve sempre manipular EN quando comunica com o LCD. EN é a forma de o LCD saber que está a falar com ele. Se não aumentar ou diminuir EN, o LCD não sabe que está a falar com ele nas outras linhas.

1.3 . APLICAÇÃO A NÍVEL DOS INSTITUTOS

1.3.1. Visão geral

A partilha de informações desempenha um papel importante no trabalho diário do nosso instituto. Os actuais meios de transmissão de informação são os avisos e as circulares. Os novos avisos ou circulares só são verificados no final do dia. Este facto torna o processo muito moroso e ineficaz. Analisando a tendência atual da transferência de informações no campus, verifica-se que os avisos importantes demoram a ser afixados nos quadros de avisos. Esta latência não é esperada na maioria dos casos e deve ser evitada.

1.3.2. Proposta

Propõe-se a implementação deste projeto ao nível do instituto. Propõe-se a colocação de painéis informativos nos principais pontos de acesso. Estes incluem cantinas, portões de entrada, áreas de albergues, etc. No entanto, o kit de ferramentas de visualização baseado em GSM pode ser utilizado como complemento destes painéis e torná-los verdadeiramente sem fios. O painel de visualização programa-se a si próprio com a ajuda dos SMS recebidos com a devida validação. Os remetentes válidos podem incluir o Diretor, os Decanos e os Registos. O sistema centralizado pode ser colocado como Centro Informático para acesso por quaisquer outros utilizadores válidos com autenticação. As SMS provenientes destes utilizadores são consideradas válidas e são visualizadas. As outras SMS provenientes de qualquer outro telemóvel são rejeitadas. Assim, as informações provenientes de fontes válidas podem ser facilmente difundidas. Este sistema revela-se útil para a transferência imediata de informações e pode ser facilmente implementado a nível do instituto.

Capítulo 7

7. TESTE

7.1 INICIALIZAÇÃO

A taxa de transmissão do modem foi definida para 4800 bps utilizando o comando AT+IPR=4800. O ECHO do modem foi desativado utilizando o comando ATE/ATE0 no hiper terminal. Para que a transmissão e a receção em série sejam possíveis, tanto o DTE como o DCE devem ter as mesmas taxas de transmissão operacionais. Assim, para colocar o microcontrolador a uma velocidade de transmissão de 4800bps, fixámos a contagem de terminais do temporizador 1 em 0FFh (frequência de relógio = 1,8432). Os registos TCON e SCON foram configurados em conformidade.

7.2 TRANSFERÊNCIA EM SÉRIE UTILIZANDO OS SINALIZADORES TI E RI

Depois de definir as taxas de transmissão dos dois dispositivos, ambos os dispositivos estão agora prontos para transmitir e receber dados sob a forma de caracteres. A transmissão é efectuada quando o sinal TI é ativado e, do mesmo modo, sabe-se que os dados são recebidos quando o sinal Rx é ativado. O microcontrolador envia então um comando AT para o modem sob a forma de uma cadeia de caracteres em série, exatamente quando a bandeira TI é activada. Após a receção de um carácter no registo SBUF do microcontrolador (resposta do MODEM com a mensagem de leitura no seu formato predefinido ou mensagem ERROR ou mensagem OK), a bandeira RI é activada e o carácter recebido é transferido para a memória física do microcontrolador.

7.3 CONTROLO DE VALIDADE E VISUALIZAÇÃO

Depois de receber os caracteres em série, o código verifica o início do número do remetente e compara o número carácter a carácter com o número válido previamente armazenado na memória. Como estamos a utilizar apenas um número válido, podemos fazer o processo de validação dinamicamente, ou seja, sem armazenar a nova mensagem noutro local da memória. Para mais do que um número válido, seriam necessárias mais posições de memória para armazenar primeiro a mensagem completa (válida/inválida) na memória e depois efetuar o procedimento de comparação. No caso de vários números válidos, todas as mensagens inválidas armazenadas são eliminadas através de uma ramificação adequada no código para o módulo "delete-message".

7.4. RESULTADOS

Ratoeira

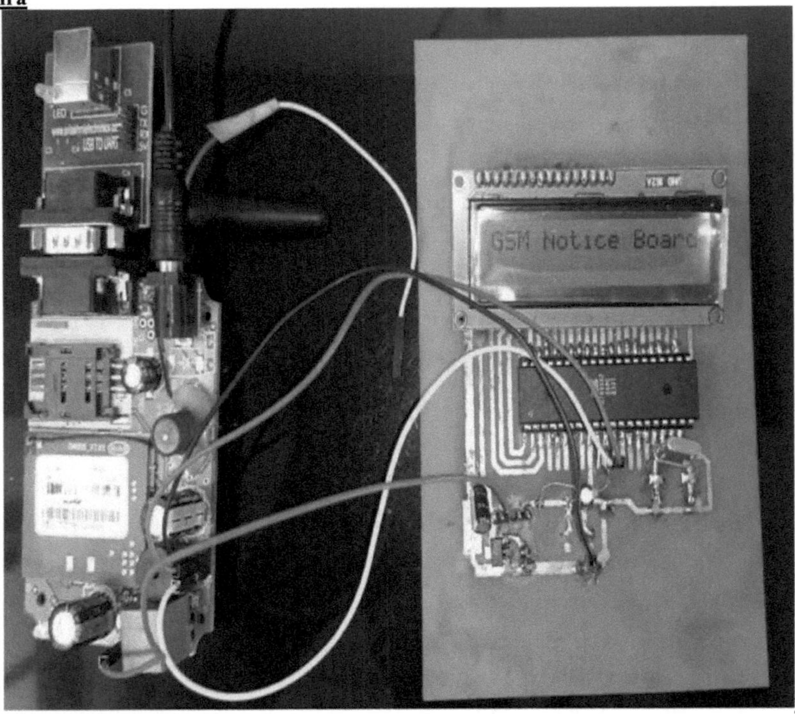

t

CONCLUSÃO

CONCLUSÃO

O protótipo do kit de ferramentas de visualização baseado em GSM foi concebido de forma eficiente. Este protótipo tem a possibilidade de ser integrado numa placa de visualização, tornando-o assim verdadeiramente móvel. O kit de ferramentas aceita o SMS, armazena-o, valida-o e, em seguida, apresenta-o no módulo LCD. O SMS é apagado do SIM cada vez que é lido, abrindo assim espaço para o próximo SMS. As principais limitações incorporadas são a utilização de "*" como carácter de terminação do SMS e a visualização de um SMS de cada vez. Estas limitações podem ser eliminadas através da utilização de microcontroladores de topo e de uma memória RAM alargada. O protótipo pode ser implementado utilizando placas de visualização comerciais. Neste caso, pode resolver o problema da transferência instantânea de informação no campus.

MELHORIAS FUTURAS

A utilização de um microcontrolador em vez de um computador de uso geral permite-nos teorizar sobre muitas outras melhorias a introduzir neste protótipo de projeto. A visualização da temperatura durante os períodos em que os buffers de mensagens não estão vazios é uma dessas melhorias teóricas que é muito possível. O estado ideal do microcontrolador é quando os índices ou o espaço de armazenamento na memória SIM estão vazios e não há nenhuma mensagem nova para mostrar. Com a utilização adequada de rotinas de interrupção, a mensagem recebida funciona como uma interrupção, a visualização da temperatura é interrompida e o fluxo de controlo passa para a rotina de serviço de interrupção específica que primeiro valida o número do remetente e depois apresenta o campo de informação. Outra melhoria muito interessante e significativa seria acomodar vários MODEMS receptores em diferentes posições numa área geográfica com cartões SIM duplicados. Com a ajuda dos princípios da técnica TDMA, podemos optar pela difusão simultânea e/ou difusão de notificações importantes. Depois de um painel de visualização receber a mensagem válida através do MODEM e a apresentar, retira a sua identificação da rede e, sincronizadamente, outro MODEM próximo inscreve-se na rede e começa a receber a mensagem. A mensagem é difundida pelo centro de comutação móvel durante um período de tempo contínuo, durante o qual o maior número possível de MODEMS de painéis de visualização "apanha" a mensagem e apresenta-a de acordo com a restrição de validação.

A apresentação multilingue pode ser outra variação adicional do projeto. Os painéis de visualização são um dos suportes mais importantes para a transmissão de informação ao maior número possível de utilizadores finais. Esta caraterística pode ser acrescentada programando o microcontrolador para utilizar diferentes esquemas de descodificação de codificação em diferentes áreas, de acordo com a língua local. Desta forma, aumenta-se o número de utilizadores informados. A visualização gráfica pode também ser considerada como um objetivo a longo prazo, mas exequível e com metas a atingir. A tecnologia MMS, juntamente com microcontroladores de gama relativamente alta para realizar as tarefas de codificação e descodificação de gráficos, bem como um banco de memória utilizável mais alargado, podem tornar esta tarefa fácil.

REFERÊNCIAS

Muhammad Ali Mazidi, Janice G.Mazidi, Rolin D.Mc Kinly, The 8051 microcontroller and embedded systems using assembly and C, 2nd edition 01-Sep-2007, Pearson Education India.

Ayala, Kenneth J. (1996), The 8051 Microcontroller Architecture, Programming and Applications, Delmar Publishers, Inc. (EUA). Índia Reimpressão

M Samiullah, NS Qureshi, "SMS Repository and Control System using GSM-SMS Technology," European journal of scientific research, 2012

N.Jagan Mohan Reddy, G.Venkateswarlu "Wireless Electronic Display Board Using GSM Technology", International Journal of Electrical, Electronics and Data Communication, ISSN: 2320-2084, Volume 1, Issue 10, and Dec-2013.

M Samiullah, NS Qureshi, "SMS Repository and Control System using GSM-SMS Technology," European journal of scientific research, 2012.

D Dalwadi, N Trivedi e A Kasundra (2011), Artigo na conferência Nation sobre tendências recentes em engenharia e tecnologia, ÍNDIA.

Foram Kamdar, Anubbhav Malhotra e Pritish Mahadik, "Displya Message on Notice Board Using GSM", Advance in Electronic and Electric Engineering, ISSN 2231-1297, Volume 3, Número 7 (2013), pp. 827-832.

Prachee U.Ketkar, Kunal P.Tayade, Akash P. Kulkarni, Rajkishor M.Tugnayat "GSM Mobile Phone Based LED Scrolling Message Display System", International Journal of Scientific Engineering and Technology, ISSN: 2277-1581, Volume 2 Issue 3, PP: 149-155, 1 de abril de 2013.

Printed by Books on Demand GmbH, Norderstedt / Germany